U0281249

图书在版编目（CIP）数据

贝乐虎儿童自救急救书.肚子大危机 / 徐惜麦著 ; 张敬敬绘. —— 北京 : 电子工业出版社, 2020.8
ISBN 978-7-121-39236-8

Ⅰ. ①贝… Ⅱ. ①徐… ②张… Ⅲ. ①安全教育 – 儿童读物 Ⅳ. ①X956-49

中国版本图书馆CIP数据核字(2020)第129621号

责任编辑： 季　萌
印　　刷： 北京缤索印刷有限公司
装　　订： 北京缤索印刷有限公司
出版发行： 电子工业出版社
　　　　　 北京市海淀区万寿路173信箱　邮编： 100036
开　　本： 889×1194　1/24　印张：12　　字数：199.98千字
版　　次： 2020年8月第1版
印　　次： 2022年7月第2次印刷
定　　价： 138.00元（全6册）

凡所购买电子工业出版社图书有缺损问题，请向购买书店调换。若书店售缺，请与本社发行部联系，联系及邮购电话： （010）88254888，88258888。
质量投诉请发邮件至zlts@phei.com.cn，盗版侵权举报请发邮件至dbqq@phei.com.cn。
本书咨询联系方式： （010）88254161转1860，jimeng@phei.com.cn。

小猛犸童书

贝乐虎 SOS 儿童自救急救书

肚子大危机

肚子痛 + 食物中毒 + 急性阑尾炎

徐惜麦 著　张敬敬 绘

电子工业出版社
Publishing House of Electronics Industry
北京·BEIJING

闪亮
登场

贝乐虎院长

大海

米妮

小猛犸

聪聪

抒抒

石头

诞妹

朱迪

美子

啾啾

唐唐

北北

葫芦

"小猛犸，我们把北北找来了！"两个男生带着北北来到了 VR 活动室。

"北北，刚吃完午饭，你去小卖部干吗？"小猛犸问道。

"我……我没吃饱。"北北不好意思地说。

小猛犸帮北北拍掉胸前的零食渣，说："加了三次菜还没吃饱？咱们约定 12 点半玩游戏，你可迟到了！"

"我错了！"北北急忙回答，"咱们赶快开始吧！"

5

药箱

患者资料数据库

病历资料

资料

北医生

剪刀

纱布

听诊器

消毒药水

视力检测表

药品柜

穿上皮肤衣，戴上眼镜，北北眼前一亮，发现自己站在一间干净的诊室里。

北医生

检查床

患者资料数据库

药箱

资料

病历资料

纱布

剪刀

听诊器

洗手液

北医生

洗手盆

消毒药水

冲洗池

"你好，我是葫芦。"一个声音从身后响起。

北北回过头，只见一个壮壮的男生正面带微笑地看着他。

8

药品柜

视力检测表

检查床

葫医生

"你是……游戏给我匹配的搭档吗？"北北问。

这时，贝乐虎院长出现了！

"北医生、葫医生，你们好！这就是你们的急诊室。救治方法将会在你们接诊过程中出现。别忘了，患者的满意度决定着你们的最终排名哦！"

1号患者

两个人正沉浸在贝乐虎院长刚才所说的话中，突然，电脑发出"滴！"的一声，吓了他们一跳。

"1号患者请就诊。"

病人来了！北北正慌张地想找椅子坐下，一个小姑娘就在贝乐虎院长的搀扶下，慢慢地走了进来，坐在了北北面前的椅子上。

"大夫……我的肚子……好疼。"小姑娘虚弱地说。

这时，贝乐虎院长消失了……

"你……你是谁？"北北茫然地问道。

"她是1号患者啊！"葫芦着急地接了话。他走过来，指着自己的身体，问道："你是这里疼？还是这里疼？"

"这里疼。"小姑娘指着自己的下腹部说。

"拉肚子吗？"葫芦又问。

"拉了……一次，拉完还疼。"小姑娘不好意思地说。

"中午吃什么了？"葫芦问。

"吃了校门口的煎饼……"小姑娘说。

"哇！好吃吗？"听到煎饼两个字，北北忍不住追问。

葫芦瞪了北北一眼，仿佛看到了从前的自己。

"应该是吃了不干净的东西，从而造成细菌感染。是不是吃点儿止泻药就可以了？"葫芦小声嘀咕着。

这时，第一个提示终于出现了。

诊断：

根据患者描述，判断为细菌感染引起的肠道炎症，从而导致腹泻。

治疗方法：

服用消炎类止泻药。

　　葫芦把药交给小女孩，小心地扶她起来，说："教你一个方法，以后啊，如果遇到想吃的店，你就大声问老板，有餐饮执照吗？如果老板答得上来，你就可以吃；如果老板生气了，那这家店再好吃也不能吃！记住了吗？"
　　小姑娘羞涩地点点头。

北医生未参与诊治减 45%。
葫医生基本为无提示诊治加 10%。
医嘱详尽生动加 10%。
1号患者满意度
75%。

　　"滴！滴！滴！"这时，电脑屏幕亮了起来。
　　"1号患者满意度75%。"看着屏幕上的字，北北一下子慌了，对着电脑大声说，"我参与了啊，我一直在旁边看着呢！"
　　"你没给患者任何帮助，你得像我一样！"葫芦听了也很着急。

"你……不是游戏里的人物？"北北看着葫芦，终于有点儿醒悟了，"可是你怎么什么都会？"

　　"以前我经常吃坏东西，拉肚子，次数多了，自然就会了……"葫芦听到夸奖，心情好了一些。他说："正式介绍一下，我是向日葵小学的葫芦。这是我第二次接触贝乐虎主题游戏。这个游戏咱们要认真玩，不然会后悔的。"

　　"哇！你原来玩过游戏?！"北北兴奋地问，这时，电脑提示音再次响了起来。

"滴！2号患者就诊，
3号患者请准备。"

　　只见一位奶奶急匆匆地
带着两个小孩儿走了进来。
孩子们面色青白，走起路来
跌跌撞撞的。葫芦和北北赶
紧扶他们坐下。

"大夫，快救救他们吧！刚才我光顾着做饭，一个没留神，他们就把这个吃了！"奶奶掏出一盒橡皮泥说。

"啊？！"葫芦和北北都惊讶地叫起来。橡皮泥颜色鲜艳，味道特别香，闻起来是让人挺有食欲的。

"他们有什么症状？"葫芦问。

"恶心，呕吐，还说喘不上气！"奶奶说。

诊断:

应为食物中毒症状。

1. 保留患者身边毒物，做毒物鉴定。

2. 第一时间催吐。让病人身体前倾，用手指刺激舌根，诱发呕吐，反复进行，直到无呕吐物排出。

3. 六小时内必须洗胃，可采用口服洗胃液的方法进行处理。

看了提示，北北主动说："我取一些橡皮泥去做检验！"他一把拿起桌上的电话，很快联系上了检验科，取走了毒物。

"奶奶，现在需要给他们催吐，一个一个来。"葫芦边说边把一位小朋友抱到水池边，让他弯下腰，指导小朋友用中指插入自己的嗓子眼儿……

小朋友干呕了两下，哇的一声吐了出来。

紧接着，另一个小朋友也吐出来了。葫芦和北北长出了一口气，他俩无论如何也想不到，有一天见到别人的呕吐物，自己会这么高兴。

口服洗胃液的方法：

让病人每次饮 300ml 温水后催吐，反复进行，
直至呕吐物清亮透明，无色无味。
整个过程中多次变换体位并为患者轻揉上腹部。

"啊? 还要洗胃！"

现在的葫芦体力比原来好了不少，但强度这么大的工作还是第一次做，他认真地给小朋友喂水、按摩，忙得大汗淋漓。

北北见了，主动承担起帮患者洗胃的重任。

"不哭了啊弟弟！哎，快看啊！你吐出清水了！"小朋友的哭声和北北的叫声连成了一片。

将病人送去肠胃科后，两位小医生一下子躺在了地上。

"我小时候吃过一次橡皮，不过没这么严重……"

"都说我是个小吃货，但今天之后我的食欲要下降了。"北北说。

"滴！"电脑响起提示，"北北和葫芦在这次看诊过程中表现良好，耐心加10%，积极性加10%，病人满意度95%。"

两人"腾"地坐了起来，四目相对，开心地笑了。

"滴！"电脑提示音再次响了起来，"3号患者请就诊。"

"大夫！快帮我看看他怎么了！"

北北和葫芦一骨碌爬起来冲向门口。

北北和葫芦把3号患者放在检查床上。

"他上体育课时突然说肚子痛。"叔叔说。

"同学，能回答问题吗？你哪里疼？"葫芦轻声问道。

男生眉头紧皱，微微睁开眼："一开始，肚脐那里疼，后来，这儿疼。"他指着自己的右下腹说。

诊断：

脐周转为右下腹疼痛，是急性阑尾炎的常见症状。

治疗方法：

需验血常规、做 B 超检查确诊，如病情严重需立即手术。发作时应及时送医。

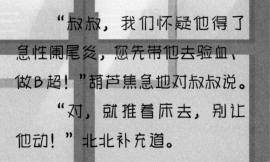

"叔叔，我们怀疑他得了
急性阑尾炎，您先带他去验血、
做B超！"葫芦焦急地对叔叔说。
"对，就推着床去，别让
他动！"北北补充道。

刚把这对师生送出门，四周突然暗了下来。贝乐虎院长出现了。

"3 号患者满意度 90%。恭喜你们，完成了'贝乐虎急诊室'腹痛篇游戏！葫医生，你的表现令人刮目相看，北医生也进步得非常快。你们的平均患者满意度为 87%，继续加油哦！"